有声伴读

神奇的物理

神奇的水

李建峰◎编绘

应急管理出版社
·北京·

"哐当……哐当……"听，厨房里传来了奇怪的响声。

小男孩明明走进厨房，看见妈妈在水槽前忙碌。

"妈妈，你在干什么呢？"明明踮着脚问。

"我在洗碗呀！"妈妈笑着说。

"哗啦……哗啦……"水从水龙头里流出来，把锅碗瓢盆上的脏东西都冲走啦！

妈妈告诉明明："水是我们生命的源泉。在常温下，水没有颜色，也没有味道。它是一种会流动的透明液体。"

　　"噗噜……噗噜……"烧水壶里的水烧开了。

　　它们一边剧烈地沸腾着，一边冒出了缕缕白雾。

明明好奇地问：
"妈妈，水壶上冒出的白雾是什么呢？"
妈妈笑着说：
"那是水蒸气变成的小水滴。"

"那水蒸气在哪里
呢？"明明问。

"当水沸腾时，液态的
水会蒸发成气态，也就是我
们常说的水蒸气。不过，我
们用肉眼可看不见水蒸气
哦！"妈妈答。

妈妈解释说："当水蒸气遇到较冷的空气时，就会凝结成小水滴，也就是我们刚刚所看见的'白雾'。"

明明蹦蹦跳跳地说："原来是这样，水还会变魔术呢！"

太阳快下山了，妈妈到阳台收衣服。

"妈妈，衣服为什么能被晒干呀？"明明问。

"这是因为，衣服上的水变成水蒸气跑掉啦！"妈妈答。

妈妈回到厨房，拿出做冰棍儿的模具。她将白砂糖和奶粉溶解在水里，之后均匀地倒入模具中，并插入小木棍，然后把模具放进了冰箱。

第二天，妈妈从冰箱里拿出制作好的冰棍。
"哇，水变成了冰棍儿！"明明惊喜地喊。

"妈妈，水为什么会结冰呀？"明明问。

"这是因为当温度降到零摄氏度以下时，液态的水就会变成固态的冰。"妈妈解释道。

明明舔着冰棍儿，露出了满足的笑容。他还发现，在空气中放久了的冰棍儿会融化，又变成了水。

"妈妈，是不是因为温度上升，所以冰又变成水了？"明明歪着头问。

"说得对，你真聪明！"妈妈夸赞道。

"小水滴，变变变，真有趣！"明明笑着说。

小朋友，你能在生活中找出藏在各处的小水滴吗？快把你的发现告诉爸爸妈妈吧！

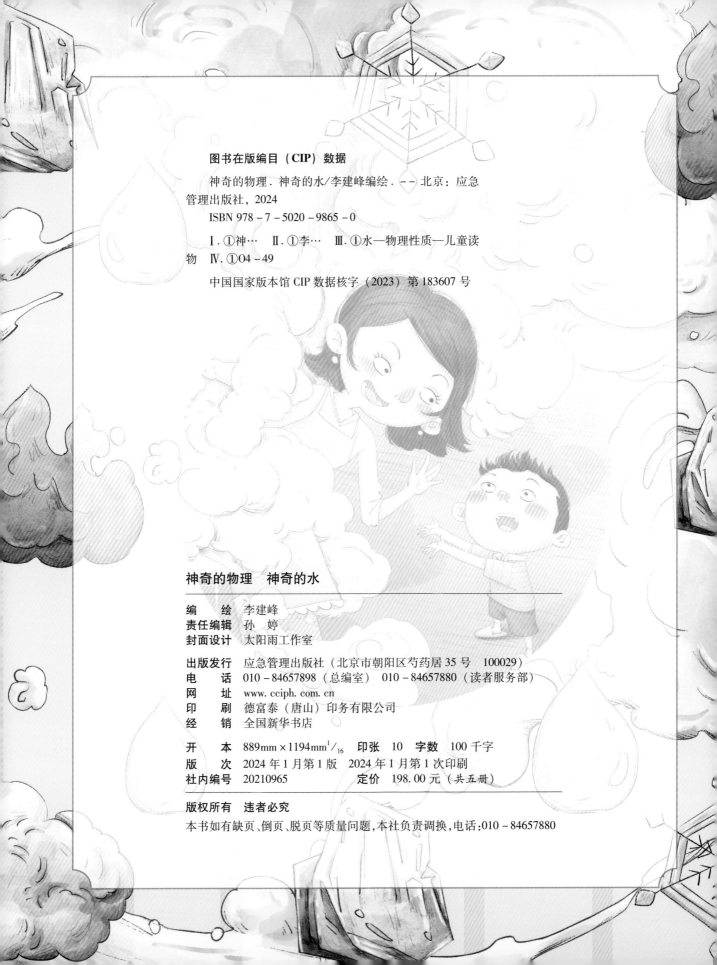

图书在版编目（CIP）数据

神奇的物理.神奇的水/李建峰编绘. -- 北京：应急
管理出版社，2024
ISBN 978 - 7 - 5020 - 9865 - 0

Ⅰ.①神… Ⅱ.①李… Ⅲ.①水—物理性质—儿童读
物 Ⅳ.①O4 - 49

中国国家版本馆 CIP 数据核字（2023）第 183607 号

神奇的物理　神奇的水

编　　绘　李建峰
责任编辑　孙　婷
封面设计　太阳雨工作室

出版发行　应急管理出版社（北京市朝阳区芍药居 35 号　100029）
电　　话　010 - 84657898（总编室）　010 - 84657880（读者服务部）
网　　址　www.cciph.com.cn
印　　刷　德富泰（唐山）印务有限公司
经　　销　全国新华书店

开　　本　889mm×1194mm$^1/_{16}$　印张　10　字数　100 千字
版　　次　2024 年 1 月第 1 版　2024 年 1 月第 1 次印刷
社内编号　20210965　　　　　定价　198.00 元（共五册）